物理启蒙第一课

5分钟趣味物理实验

这就是力

（英）杰奎·贝利（Jacqui Bailey）/著　朱芷萱/译

·北京·

BE A SCIENTIST INVESTIGATING FORCES by Jacqui Bailey

ISBN 9781526311320

北京市版权局著作权合同登记号：01-2021-5119

图书在版编目（CIP）数据

物理启蒙第一课：5 分钟趣味物理实验. 这就是力 /（英）杰奎・贝利（Jacqui Bailey）著；朱芷萱译. 一北京：化学工业出版社，2021.9（2022.1重印）

ISBN 978-7-122-39447-7

Ⅰ.①物… Ⅱ.①杰… ②朱… Ⅲ. ①物理学一科学实验一儿童读物 ②力学一科学实验一儿童读物 Ⅳ.①O4-33②O3-33

中国版本图书馆CIP数据核字（2021）第134335号

责任编辑：马冰初　　文字编辑：李锦侠

责任校对：边　涛　　装帧设计：与众设计

出版发行：化学工业出版社（北京市东城区青年湖南街 13 号　邮政编码 100011）

印　　装：北京宝隆世纪印刷有限公司

889mm × 1194mm　1/16　印张 $10\frac{1}{2}$　字数 100 千字　2022 年 1 月北京第 1 版第 2 次印刷

购书咨询：010-64518888　　售后服务：010-64518899

网　　址：http：//www.cip.com.cn

凡购买本书，如有缺损质量问题，本社销售中心负责调换。

定　价：138.00 元（全 6 册）

目　录

走进力的世界

物体是如何运动的？

看看周围，有什么东西是在运动的？

实验前的准备

1张纸

笔和尺子

可以跑跳的空间

思维拓展

物体有哪些不同的运动方式？

- 球会弹跳，玻璃弹珠会滚动，汽车会飞驰，风车会转，吊杆会升起。
- 动物会伸懒腰、跑动、爬行、游泳、飞行、跳跃和扭动。

你自己能做出多少种动作？

走路	
弯腰	
跑步	
扭转	
跳跃	

你有多少种不同的运动方式？

1 用笔和尺子在白纸正中间画一条竖线。

2 在左侧栏里列出你能想到的各种动作。

“

实验解答

我们可以以各种方式运动，是因为我们的身体里有关节和肌肉。关节像门的合页一样把我们的骨头连在一起。肌肉则牵拉骨头，使它们绕关节活动。我们的肌肉通过用力使得我们的身体移动。

”

4 然后看看你的朋友能做出什么动作。

3 试着做出你列出的动作。在右侧栏里你做过的动作后面打个勾。

是推力还是拉力？

在力的作用下物体才能开始运动。虽然肉眼无法观察到力，但我们能看到力的作用结果。力常常分为推力和拉力。

思维拓展

当你推或拉物体时会发生什么？

- 你拉开一个抽屉。
- 用脚一踢（推）可以将足球踢远。
- 你可以将独轮手推车从地上拉起来，然后推着它前进。

试着移动其他物体。你用的是推力还是拉力？

实验前的准备

1张纸

笔和尺子

1组测试物品（如：玩具车，弹力球，胶带，玻璃珠，橡皮，插了吸管的饮料，铅笔）

如何使物体运动？

1 在纸的正中央画一条竖线，把纸分为两栏。

2 在左侧栏最上方写“推力”，右侧栏最上方写“拉力”。

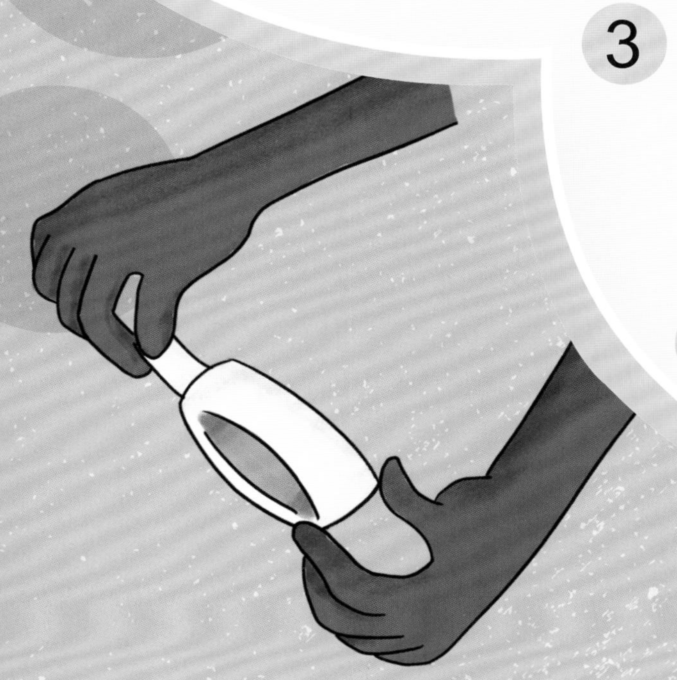

3 观察你的测试物品，猜测移动它们最有效的方式是推动还是拉动。按猜测的移动方式将物品归类在两栏中。

4 逐个移动物品，看看自己的猜测是否正确。

“

实验解答

所有物体都会在推力或拉力的作用下移动。推动物体会使它远离你，拉动则会让它向你靠近。例如，通过吸管吸饮料时可以让液体流进嘴里。

”

轻推和重推，力会有什么变化？

我们在移动物体时可以轻轻地用力或者更使劲一些。

思维拓展

朋友坐在秋千上，我们推他一下会发生什么？

- 轻推一下可以让秋千稍稍运动。
- 重推一下可以让秋千运动的幅度更大。

推动硬币，看看力的强度如何改变物体的运动方式。

实验前的准备

1大张纸（大约30厘米宽，45厘米长）

铅笔和尺子

1大块板子或者平整的桌面

胶带

3枚等大的硬币

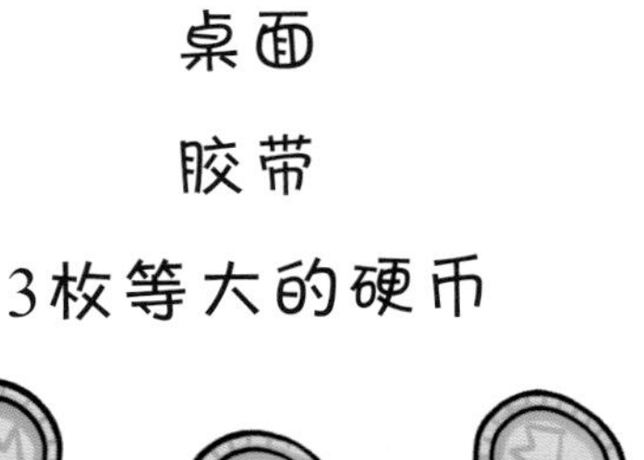

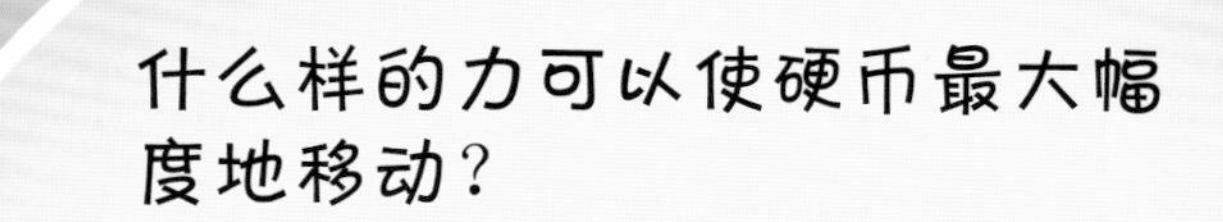

什么样的力可以使硬币最大幅度地移动？

1 用尺子沿着纸的两条长边每10厘米标记一次，将每组对应的标记用直线相连，标上数字。

2 把纸平铺在板子或桌面上，纸的顶端与板子或桌面的边缘对齐。将它粘牢固定。

3 把硬币放在纸的顶端处，一部分硬币略微伸出桌面或板子的边缘。

4 用手推动硬币。你能让硬币在纸上滑出多远？如果你用更大或更小的力推动下一枚硬币，会发生什么？

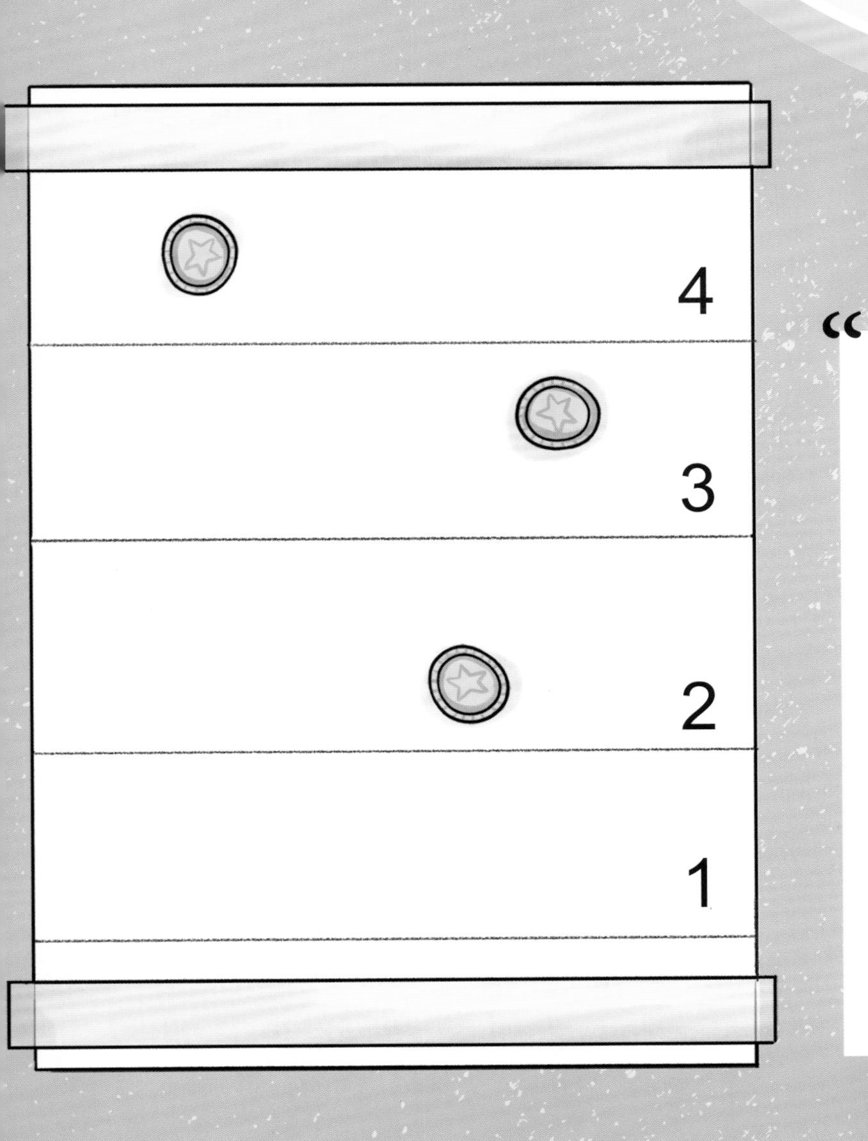

“

实验解答

重推比轻推使硬币滑得更远。这是因为施加在物体上的力的强度越大，物体移动的幅度就越大。同样的情况也适用于拉力。通过拉扯有弹性的橡皮筋可以观察拉力的作用。

”

感受一下移动轻物和重物使用的力！

轻的物体更容易移动，重的物体则移动更费力。

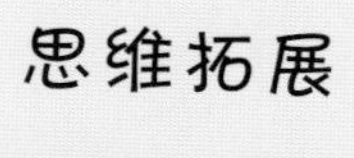

思维拓展

你需要多大的力才能移动重的物体或者轻的物体？

• 你用同样大的力投掷篮球和投掷网球的距离一样远吗？想要投掷同样的距离投掷篮球需要更大还是更小的力气？

• 移动椅子和桌子，哪个更简单？桌子和椅子哪个更重？

探索一下自己需要多大的力才能移动一个盒子。

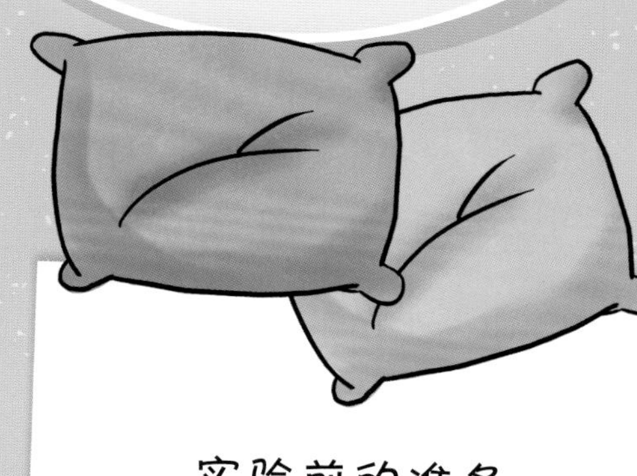

实验前的准备

两条纸带

1个大硬纸盒

一堆软抱枕

一些书

哪个盒子移动起来最费力？

1 把两条纸带摆在地上，间隔3米，分别作为起点线和终点线。

2 把空的硬纸盒放在起点线前，推或拉到终点线。你需要用多大力？

3 把硬纸盒里装满抱枕，再推或拉回起点线，这回移动起来更艰难还是更容易？

4 再把硬纸盒里装满书。这回需要多大力才能把盒子推或拉到终点线？（如果完全没法移动盒子，就拿出去一些书，直到可以移动。）

“

实验解答

装满书的纸盒子移动起来最费力，因为它比装了抱枕的盒子更重。移动轻的物体所需的力比移动重的物体小。

”

力的传递！

当一个移动中的物体撞上另一个静止的物体时，一股力会在两个物体间产生。

思维拓展

如何玩撞木桩游戏？

• 朝着木桩或者塑料瓶滚动小球，试着撞倒它们。

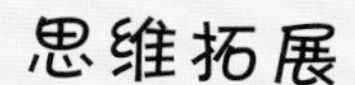

球的重量会影响结果吗？

快速或慢速滚动小球，结果有何不同？

实验前的准备

4个小塑料瓶

一些水

1条纸

1个网球

与网球等大的海绵球

哪个球能撞倒塑料瓶？

1 把每个塑料瓶中装上半瓶水，这几个水瓶就是你掷球的目标。

2 将水瓶在平地上排成一列，大步走到五步开外。用纸条标记你现在的位置，每次掷球都站在纸条后。

3 逐次将网球滚向每个水瓶，试着将它们击倒。

4 将网球换成海绵球，用相同的速度滚向水瓶。结果有何不同？

5 再用每个球各试一次，这回滚出的速度更快一些。

“

实验解答

用网球比用海绵球更能将水瓶击倒。这是因为，当一个沉重的移动物体撞击其他物体时，撞击力比同一速度移动的较轻物体更大。

”

想一想

如果站在一辆飞驰而来的汽车前会发生什么？

• 如果汽车撞到你，产生的力会将你撞飞，甚至可能致命。

力可以改变方向吗？

力可以使移动中的物体改变方向。

思维拓展

你如何骑自行车？

- 你可以转动车把。
- 这样一来，自行车就会改变方向。

如何让移动中的小球改变方向？

实验前的准备

1个软球

1个棒球棍或球拍

1段长绳子（大约两米）

胶带

1根长杆（比如扫帚柄）

如何让运动中的球改变方向？

1 用棒球棍击打小球，观察它如何运动。

2 将绳子的一端缠在小球上，如左图所示。

3 绳子的另一端系在长杆顶端，用胶带固定。

4 将长杆的另一端牢牢地插进地面（这一步可能需要大人帮忙）。

5 现在再次击打小球。发生了什么？

想一想

在刚才的小球游戏中，你使用了哪种力来改变小球的方向？

“

实验解答

小球会呈直线运动，直到绳子被拉直。接下来，在绳子拉力的牵扯之下，小球会改变方向，滚向另一边。

”

力可以改变物体的形状吗？

力可以改变物体的形状。推力可以挤压物体，拉力可以拉伸物体。

实验前的准备

黏土

纸和笔

一些测试材料（如：海绵，橡皮筋，保鲜膜，纸，木块，易拉罐，空塑料瓶）

思维拓展

当你用手改变物体的形状时，会发生什么？

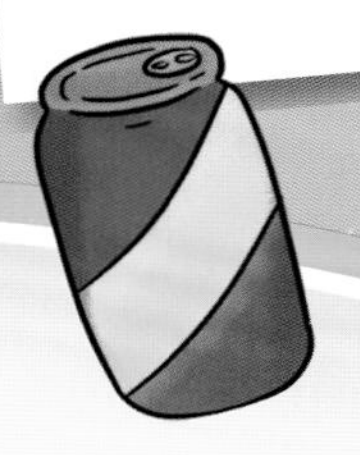

扭曲	
挤	

如何改变物体的形状？

1. 取出一些黏土，捏成不同的形状，思考自己在这个过程中手的动作，比如扭转、滚动、拉扯和挤压。

2. 把每个动作都列出来，在旁边标出每个动作使用了推力还是拉力，或者二者皆有。

3 试着拉伸或者挤压其他测试物品。

4 列出用到的所有材料以及改变其形状的方法（如果其形状可以被改变）。注意当你收力放手时它们形状上的变化。

“

实验解答

材料的形状发生改变，是因为受到推力或拉力的作用。改变一些物品的形状比其他物品更费力。比如，改变黏土的形状所需的力相对较小，而拉伸保鲜膜就需要更大的力。想要改变木块的形状需要非常大的力，徒手是无法做到的。

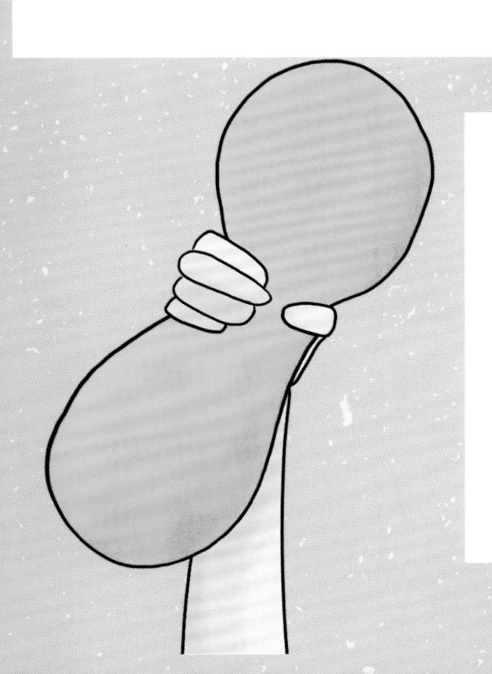

一些材料很柔韧，在你收力放手后会反弹回原本的形状，我们称之为弹性材料。弹性材料本身拥有一种力，一旦外力停止对它们进行推拉，这种力就可以将它们变回原状。

”

风车为什么会转动？

自然界存在使物体运动的力。

实验前的准备

1张硬卡纸或者薄纸板，形状为边长约15厘米的正方形

铅笔，尺子，剪刀

两个小珠子

顶端有小珠子的细长大头针

1根小木棍（如铅笔）

1个小锤子

1位大人帮忙

思维拓展

有些东西不需要人来推拉也会运动。

- 旗杆上的旗子会迎风飘扬。
- 风筝能在空中翱翔。

是什么使这些物体运动？

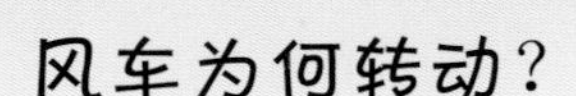

风车为何转动？

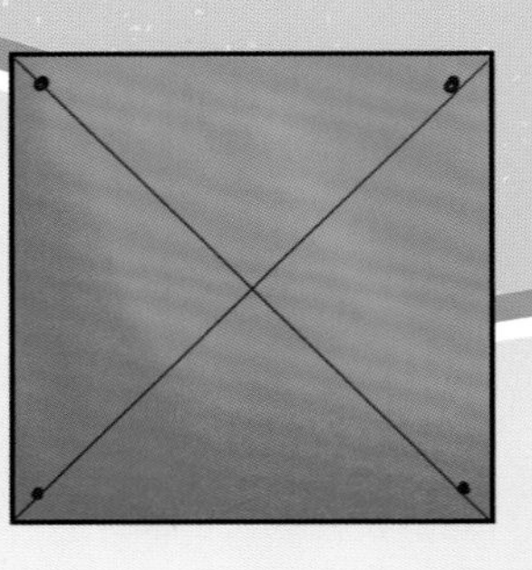

1. 画出对角线，把正方形卡纸分成4个三角形，如图所示。在卡纸四角处的对角线上各画一个点。

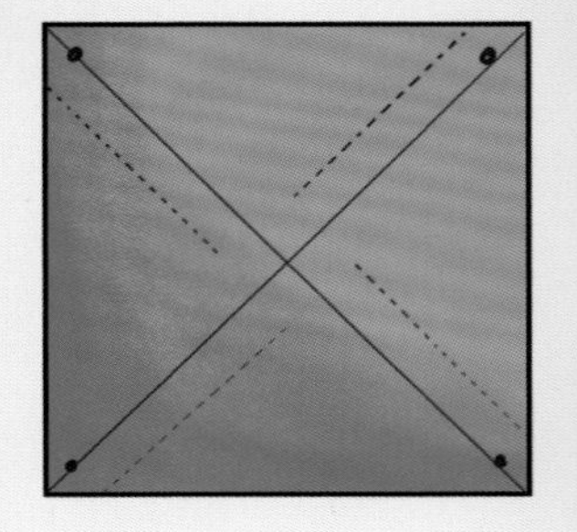

2. 在卡纸上被分隔出的4个三角形中，沿着每条对角线右侧1厘米处画一条平行线。沿着这几条短线裁剪。

3 不要压出折痕，小心地沿着裁开的线把四个角向内弯曲，让四个角叠在正方形中央的点上。

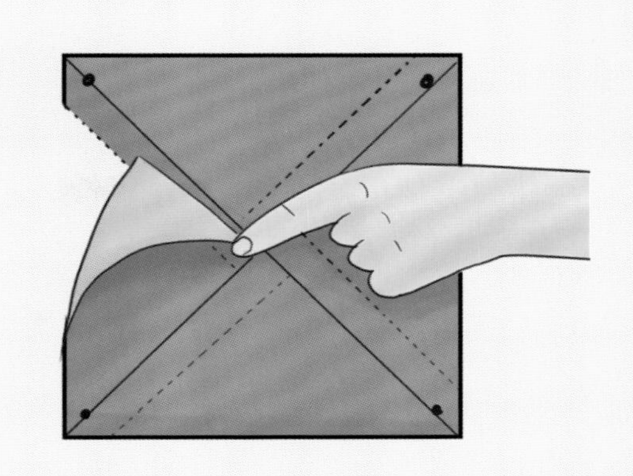

4 请大人帮忙在大头针的一端穿上一枚小珠子。将大头针穿过正方形中心点，再在大头针的另一端也穿上小珠子。

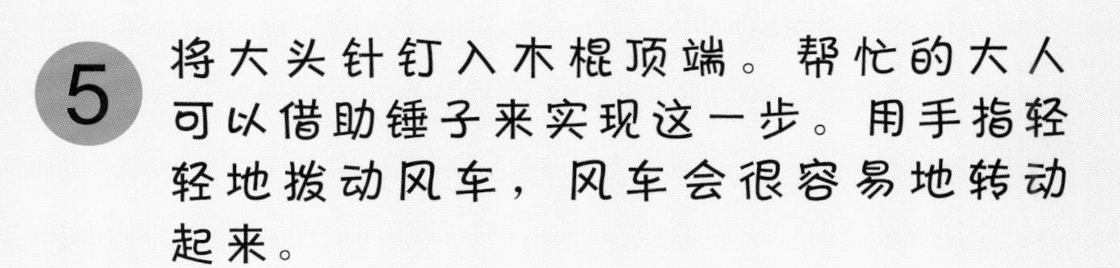

5 将大头针钉入木棍顶端。帮忙的大人可以借助锤子来实现这一步。用手指轻轻地拨动风车，风车会很容易地转动起来。

6 拿着纸风车到室外，迎风举起。发生了什么？如果你对着纸风车吹气，又会发生什么？

“

实验解答

风车会旋转，是因为风将空气推向风车的扇叶，推动叶片旋转。风具有很强的力，风越大，力越强，想想飓风的威力就是极其强大的。

”

摩擦力是什么？

力既能使物体运动，也能让物体减速。摩擦力是一种可以使物体减速的力。

思维拓展

物体如何滑过不同材质的表面？

- 滑下滑梯的过程轻松而迅速。
- 滑下长满草的山坡很困难，速度也很慢。

这两种表面有何不同？

实验前的准备

1块表面光滑的小木板

1个测试物品（如木块）

一堆书

3种不同材质的表面（如：毛毡，砂纸，光滑的塑料）

胶带

纸和笔

表面材质不同对滑动有何影响？

1. 把测试物体放在木板的一端，将这一端抬起，直到物体开始向下滑。用书本支撑木板维持这个角度。

2 把测试用的材料逐次粘在木板上。测试物品从每种材料表面上下滑时的情况。需要进一步抬高木板才能下滑吗？

3 列出使用过的材料，包括最初的木板。用1～4为它们的粗糙程度打分（1分表示表面最光滑，4分表示表面最粗糙）。再为物体从每种材料表面上下滑的难易程度打分。两列分数有何关系？

“

实验解答

在最光滑的表面上物体下滑得最容易。这是因为粗糙的表面产生的摩擦力更大。摩擦力由两个物体表面相互摩擦产生。摩擦力会减慢物体的运动速度，阻碍它下滑。

”

想一想

如果没有摩擦力，会发生什么？

• 所有物体的表面都会像冰面一样光滑。

没有摩擦力，我们如何走路？我们又要如何转动门把手？

阻力是什么？

就像摩擦力一样，空气和水反向推动移动的物体，能使它们减速，这就是所谓的阻力。

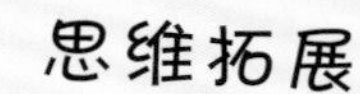

思维拓展

空气和水会阻碍你前进吗？

- 在泳池中游泳时，水波会阻碍你身体的运动。
- 敞开夹克逆风而行，你会感觉到风向反方向推动你的身体。空气在阻碍你运动。

如何有效利用空气和水对运动的阻力呢？

实验前的准备

1个塑料袋

剪刀

细绳或结实的线

两个相同的塑料小人

秒表或时钟

空气产生阻力的原理是什么？

1. 将塑料袋剪出一个边长24厘米的正方形。
2. 剪下4段线绳，每段约26厘米长。

“

实验解答

系着降落伞的塑料小人坠地所用的时间更长，因为在它下坠的过程中，空气被拢在降落伞之下。空气向上推动降落伞形成对降落伞的阻力，这种阻力使得玩具下坠的速度变慢。

”

5 站到结实的椅子上，小心别摔倒！首先把没有绑着降落伞的塑料小人扔下去，记下它掉落在地所用的时间。

4 将4条线绳的另一端两两拧在一起，绑在塑料小人身上。

6 然后把绑着降落伞的塑料小人从同样的高度扔下去，再次计时。哪个坠地所用的时间更长？

3 在塑料方块的四角戳出4个小洞，小洞距离方块的边2厘米左右。将4段线绳分别穿过4个小洞，系好。

地心引力！

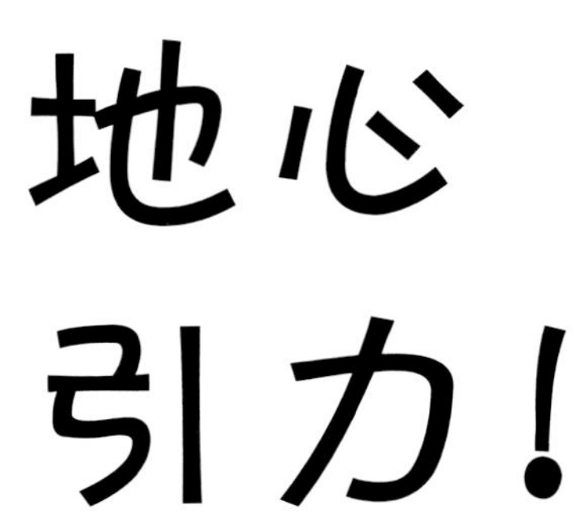

物体会坠向地面，是因为有一种叫作地心引力的力。地心引力将万物吸引向地球的中心。没有这种力，我们都会飘入宇宙中。

思维拓展

地心引力如何将万物牵引向下？

- 如果你扔下一本书，它将坠向地面。
- 不管你把一个小球扔出多高，它总会坠向大地。但还有其他因素影响着地心引力对物体的牵引。

回顾20～21页的降落伞试验，再做一做下面的试验。

实验前的准备

两张纸

1个网球

形状如何影响地心引力的作用结果？

1 把一张纸使劲团成球状，基本和网球等大。

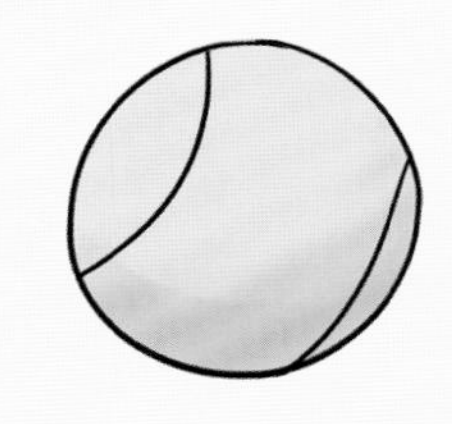

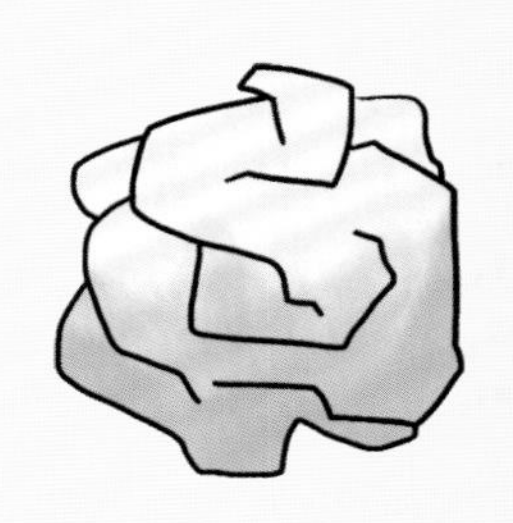

2 小心地站到椅子或桌子上。把两个球分别举在两手中，尽量举高，在同一时刻放手。哪个球先落地？

3 现在将另一张平展的纸平托在一只手上，另一只手拿起纸球，同时松手。这回发生了什么？

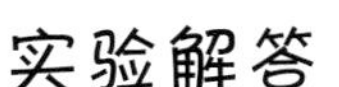

“

实验解答

两个球会同时落地，这是因为地心引力对二者产生的作用结果相同。但平展的纸张会比纸球下坠得慢，这是因为平展的纸张表面积更大，受到的空气阻力更大，所以下落速度减慢。

”

科学名词

弹性
具有弹性的材料在受到拉扯时会伸长，但松手后就会立刻反弹回原本的形状。

力
力使物体运动起来、变速或改变运动方向。可以用力推动或拉动物体。肉眼无法看到力，但可以观察力产生的影响，感受它的强弱。

摩擦力
摩擦力是一种能够阻碍物体运动的力，由两个物体表面互相摩擦产生。粗糙的表面产生的摩擦力往往大于平滑的表面。摩擦力使得我们可以握紧物体或拉住物体。没有摩擦力，所有物体的表面都会像冰面一样光滑。

地心引力
地心引力是一种拉力，将万物牵引向地球的中心。这就是为什么地球上的物体会向下坠。

飓风
飓风是一种强劲的风，刮起飓风时，风会围绕着一个巨大的圆圈螺旋转动。飓风通常会带来暴雨和海上的巨浪。飓风风速可达每小时200公里，吹起来能掀翻汽车，把房屋夷为平地。

关节
关节就像门的合页一样，将我们全身的骨头连接在一起，让我们的胳膊、腿及其他身体部位可以弯曲活动。

材料
有的材料很硬，如金属；有的材料很软，如橡胶。有的材料甚至是隐形的，比如我们呼吸的空气。宇宙中的万物都是由某种材料构成的。

运动
运动指的是某样物体以某种方式改变其位置。运动的幅度可以很大，比如飞机起飞；也可以很细微，比如眨眼。

肌肉
肌肉是身体的一部分，它牵拉着骨头，使它们绕关节活动。人体中有600多块肌肉。

阻力
阻力是通过推拉使物体减速的力。空气和水会对通过它们的物体产生阻力。物体移动的速度越快，空气和水对其产生的阻力就越大。

减弱阻力
有些东西拥有特定的形状是为了减小空气或水对它产生的阻力。喷气式飞机的形状有助于它在空气中穿行，海豚圆滑的外形有助于它在水中游动。

摩擦生热
当两件物品相互摩擦时，表面间的摩擦力会使它们发热。试着摩擦你的双手，感受这种效应。

月球引力
地心引力使地球上的物体有重量。月球也有引力，但它比地球小，所以月球引力更弱，物体在月球上也比在地球上轻。在月球上，宇航员们身体的重量是他们在地球上的1/6，尽管他们身体的大小和体形并没有改变。